Mit vielen lieben Grüßen
für Britt XII '02
Irene P.

Treibsand
über Stolperstein

Texte und Fotos bis 1990

Vorbemerkung

Wenn Steine zerrieben werden, auch, wenn *Stolpersteine* sich zerreiben, entsteht Sand.
Treibsand, Wüstensand, jedenfalls etwas sehr Instabiles. Etwas, das der Prozesshaftigkeit an sich Rechnung trägt und von Vergangenem Abschied nehmen kann.

Der eine, starre, Stein, immer weiter zerlegt und zerkleinert, gerät am Ende in Fluss, in *seinen* Fluss.

Vielleicht ist das mit ein Grund, warum - und sei es "auf Sand gebaut" - hier mit einem Ende ein Anfang gemacht wird.

Vor zwölf Jahren entstanden Stolpersteine.
Inzwischen ist eine Schale mit Sand übriggeblieben, der - ergänzt und angereichert -
jetzt in Fluss geraten soll.

Mag. Irene Pollak, 2002, Wien

Irene Pollak

Treibsand über Stolperstein

Texte und Fotos bis 1990

Herstellung:
Books on Demand GmbH
D-22848 Norderstedt

ISBN 3-8311-4418-4

INHALT:

BILDTITEL

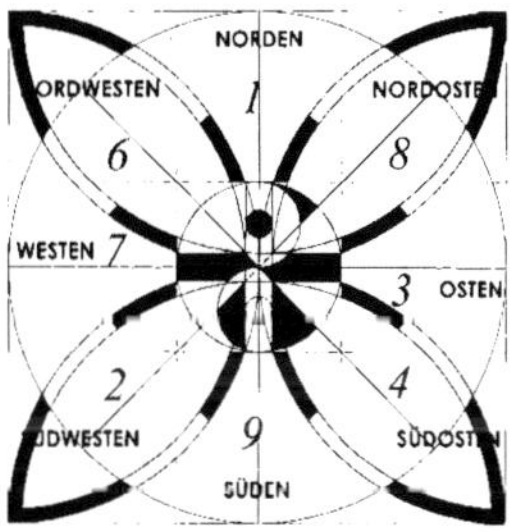
NORDEN
ORDWESTEN
NORDOSTEN
1
6
8
WESTEN 7
3
OSTEN
2
4
9
ÜDWESTEN
SÜDOSTEN
SÜDEN

Noch still -
Die Stadt im Morgenlicht
blinzelt verschlafen aus den Fenstern;

Nur noch Minuten -
und sie wird sich dem Lauf der Zeit
und ihrem Vergehen
übergeben.

Freiwillig
in die Falle
gegangen.

Unbändig
gegen das Gitter
geschlagen.

Unverständig
der anderen Gleichgültigkeit
gegenüber.

Sehnsüchtig
aus dem Fenster
gedacht.

Eilig
über die Arbeit
gemacht.

Traurig
über die eigene
Unzufriedenheit.

Freiwillig
in die Falle
gegangen.

Da steh' ich
auf meiner steinernen Insel -
Der Boden
beginnt zu singen
und das Bersten des Eises
gibt den Rhythmus
zur großen Symphonie des Frühlings.

Sonnenstrahlen
tragen das Lachen der Kinder
über die Dächer,
die,
unter Hermelinmänteln,
den Traum vom Sommer träumen.

„Halt ein",
murmelt der Bach,
gesäumt und gespeist vom tropfenden Schnee -
„Halt ein und
horch"

Berlin I

Noch kenne ick Dir nicht.

Weiß nur von Bildern her
Dein Angesicht mir vorzustellen.

Hab' noch nicht Deine Luft geschmeckt
Und hab' Dein Pflaster nicht gefühlt.

Viel kann ich über Dich nicht sagen,
ich hab' in Deinen Mauern nicht gewohnt.

Und trotzdem
schein' ich Dich zu kennen,
so, wie Verwandte,
die ich noch nicht traf.

Wenn Du mich aufnimmst
und ich untertauche,
bin sicher,
fremd
werd' ich mich nicht fühl'n.

Wie zwei Geschwister,
Durch Willkür
von einander ferngehalten

Wie eine kleine Freiheit,
Gefangen
in den Gittern des Systems.

Und trotzdem,
Oder grad' deswegen,
berauscht
von jedem kleinen Bisschen Raum.

mehr kann ich,
ja, mehr will ich noch nicht sagen,

Noch kenne ick Dir nicht.

Doch wenn ich
halte,
was Du mir
versprichst

(ein bisschen Angst
schwingt mit,
vor Deiner Wirkung),

Dann werde ick Dir
kennen lernen

Und Dein Angesicht
soll eins von meinen
sein.

(im Oktober 1989)

Berlin II

Stau am Ku'damm
Sirenen
um den Hohlen Zahn
Die Stoßzeit nach dem langen Samstag;

Noch bin ich da.

Schon ganz geläufig
scheint mir diese Stadt.

Noch schmecke ich die Luft -
Der Grunewald
schickt seine Düfte.
Noch fühle ich das Pflaster -
Von Dahlem

bis ins Hansa Viertel.

Plakate
an den Litfass-Säulen -
mit Tina Turner
und dem Drafi Deutscher.

Hallesches Tor -
Das Tor zu Kreuzberg?

Zehn Kinos unter einem Dach.

Flaues Gefühl
im Bahnhof Zoo -
Gar nicht zu reden

von dem an der Mauer;

Den Reichstag im Rücken,
wo vor zwei Jahren
David Bowie
seine Fäden spann ...

Zerrissene Kunstsammlungen -
Was Du hier nicht findest,
liegt wahrscheinlich
drüben
und umgekehrt.

Doch,
was Du findest,
das erschlägt Dich fast.

Philharmonie
auf der Waldbühne
und Reggae
in den U-Bahn-Gängen.
Die Curry-Wurst
im Stand vor dem Kempinsky;
'Ne Molle
gibt's beim Kranzler sicher nicht.

So
zeigt sich das Sammelsurium
Beim Kennenlernen
von Berlin.

(im November 1989)

Berlin III

Prolog:
So viele haben schon geschrieben
Darüber
Und sogar
Darin
Und sind,
Wenn sie auch nicht geblieben,
Noch immer dort
Mit ihrem Sinn.
Die Zwischenzeit
Hat aus dem „Drüben"
Ein „Hier" gemacht
Und ein
„Wohin".
Schon sind die Dinge recht verschieden
Zu dem,
Wo ich gewesen bin.

Wieder Zurück

Die Zeit braucht ihre Zeiten.

Weiß nicht ,
was gestern war,
wo sind die Grenzen?
Ich sah sie noch
in ihrer ganzen Stärke,
grad' überwunden
von der Luft,
die ich geschmeckt;

Das Pflaster,
das ich fühlte,
konnte sie nicht
durchbrechen.

War wie betäubt;
Der Ort
verfehlte seine Wirkung nicht -
war ganz in mir.
Und ich
war ganz in ihm

Und bin noch immer dort.

Die Zeit nahm ihre Zeiten,
die Grenzen
sind nicht mehr.

Und ich -
auf eine kleine Weise -
hab Anteil an dem
großen Spiel
der Öffnung
und fühl',
ich bin ein Teil davon.

Bin noch nicht ganz zurück,

was dort geblieben ist,
das ist kein Koffer,
ist ein Teil von mir.

Im Austausch
bleibt mir
doch ein Teil davon,
so ganz und gar

für mich allein.

So halten Orte,
was der Mensch verspricht.

Sie halten mehr -
das Gingko-Blatt
wächst sacht zusammen.

Vielleicht
musst Du
in ein paar
Jahren
nicht suchen,
was Du hier
nicht fand'st.

Ein tiefer Seufzer
dringt
durch's
Brandenburger
Tor.
Ich werd' nicht
mehr
alleine sein.

Ich hab' Berlin
gesehen
So,
wie es war
Und ich hab'
Anteil
daran,
wie es wird.

(im Dezember 1989)

Reden, Ja.
Man redet ohnehin immer so viel.
Tiefer reden, auch gut.

Drumherum, immer.
Nie eigentlich.
Mit wem?
Keiner so richtig.

Peinlich, viel Arbeit.

Versteht irgendwer?

Erkennen, dass wichtige Menschen überhaupt
nicht verstehen.

Erschütternd.

Frustrierend.

Gefühl -
Allein.

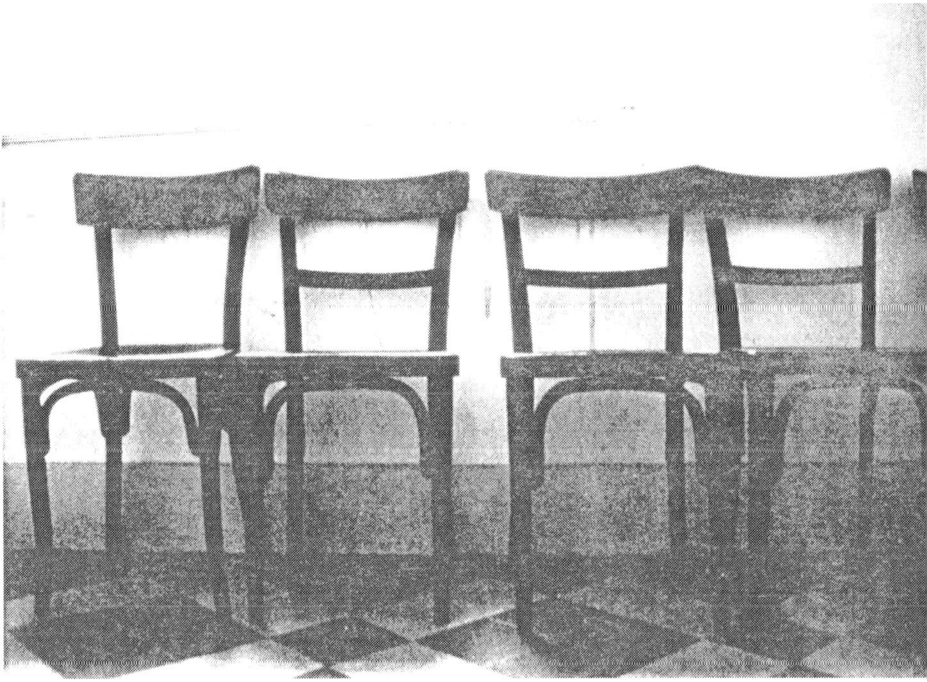

Gedanken zur MF 890817/0330

Ganz heimlich, still und leise
vollzieht sich
nachts -
das liegt in der Natur der Sache -
ein Schauspiel,
das,
wüsste man nicht um sein
Entstehen
(und darum wusste man nicht immer),
gewisse Ähnlichkeit mit der
Ankündigung
von etwas Letztem
hat.

Wenn ein treuer und steter Begleiter
sich auf einmal
ganz
dem Blick entzieht -
nicht plötzlich,
sondern langsam und behutsam,
mit der selbstverständlichen Ruhe,
die
besonders kleinen
und
besonders großen
Dingen
zu eigen ist,
dann scheint's,
als hätte das Pappmaché-Modell
oder das aus Polyurethan
doch mehr zu tun
mit dem,
was ständig so passiert.

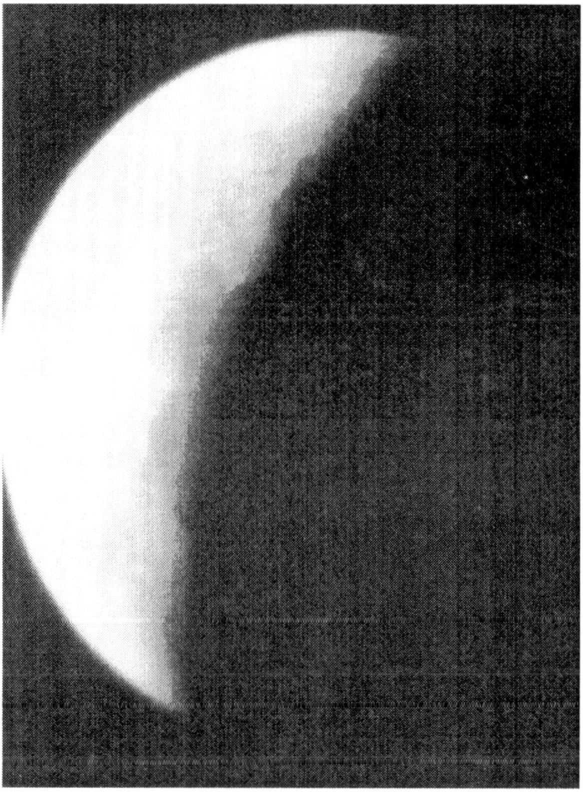

Liegt's an der Dimension;
Der Fliege kommt die Klappe -
die Fliegenklappe -
grad schnell genug,
dass sie ein letztes Mal
vom Zucker nascht
und dann
geschäftig, aber nicht in Panik,
wegfliegt,
und die Klappe
im Marillenkuchen landet.

Von hier aus,
und betrachtet mit der
Sehgeschwindigkeit der Fliege,
ist's, als ob jemand
einen runden Deckel
langsam
über ein rundes Stück Käse
zieht.

Offensichtlich
haben die Eigenschaften
eines optischen Mediums -
oder besser: Nicht-Mediums -
keinen Einfluss
auf manche Eigenschaften
des Lichtes.

Es ist auch klar,
dass,
sobald es Licht und Schatten gibt,
so etwas passieren kann.
Aber
die Wahrscheinlichkeit,
dass ein
unendlich kleiner Punkt
im
unendlich weiten Raum
einen anderen
unendlich kleinen Punkt
genau trifft,
ist relativ gering,
das muss man zugeben.

Während drüben
im Verschiebebahnhof
fleißig verschoben wird
und auch
der letzte Sinn-Los-Trinker
den Heimweg angetreten hat
und
vor sich hin rülpst,
währenddessen also,
leistet das All
Präzisionsarbeit;
heimlich, still und leise.

Und man wundert sich,
dass irgendjemand anderer

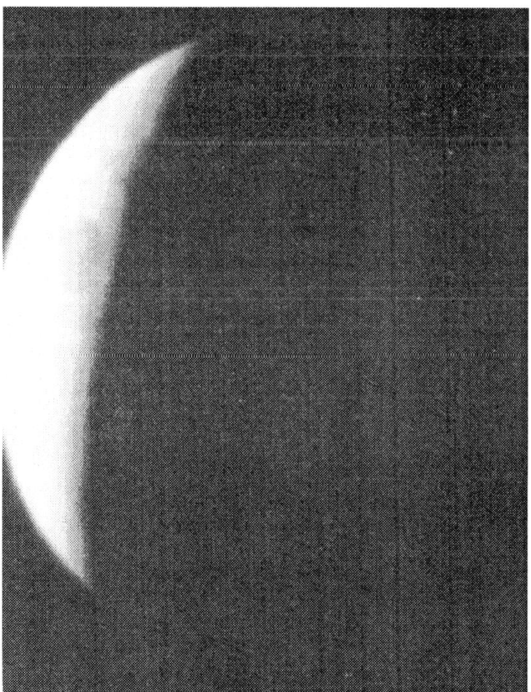

seelenruhig
weiter
schlafen,
arbeiten,
kotzen

und was weiß ich noch alles
machen
kann,
statt
aufzuwachen,
aufzuhören,
nüchtern zu werden,
jedenfalls -
innezuhalten -,
sich von der -
spontan eingerichteten -
Feldstecher-Verleih-Stelle,
die blitzartig
überall
Filialen eingerichtet hat,

ein Swarovski-Glas zu holen
und zuzuschauen.
Denn so was kommt nicht alle Tage vor.
Und ist sein Geld
auf alle Fälle wert.

Aber nein.

Und so
geht das Wunder
unbeachtet vor sich
und ich hab' das Gefühl,
nur ich hab's mitgekriegt.

Männer
Mögen
Manchmal

Weinende Frauen

Weil sie
erst
Wenn sie

Frauen
weinen machen

sich so stark fühlen wie sie gerne wären

Bin nicht zum Schreiben hier,
Hab' jetzt was anderes
zu tun.
Darf nicht mehr denken,
wie's dem Hirn passiert,
Darf nicht mehr hör'n,
was in der Welt geschieht;
Darf auch den Specht
nicht frei genug
entdecken,

Darf nur Verordnetes genießen

Nichts mehr passieren lassen -
Alles wird geplant.

Nicht
Traurig sein.
Alles
ist kompliziert.
Menschen.
Dinge.
Zustände.

Ich will es
verstehen
woher
kommt alles?
Wieso
kommt es,
wie es kommt?
Wieso
sind die Menschen,
wie sie sind?
Wieso
wird man eifersüchtig?
Wieso
hat man Angst
um jemanden
oder vor jemandem?
wieso
nützen Menschen
Menschen aus?
Wieso
wird umgebracht,
verletzt,
missbraucht?
Warum
wird geliebt?

Ist Einsamkeit Neid?

Geteiltes Leid
ist Halbes Leid -
Geteilte Freude
doppelt groß.

Alte Weisheit -
recht banal - und doch,

Am eignen Leib erfahren,
fast unerträglich
wahr.

Freundschaften
wachsen
über sich hinaus,
Aus Fremden
werden Teile
eines Lebens,
Als täten sich
verborg'ne Tiefen auf.

So wichtig wird Dir,
was Du nie vermisst,
für einen Augenblick,
daß alles eins
und eines
alles scheint.

Und große Augenblicke
wachsen noch,
sobald da Zeugen sind,
die Anteil haben
und selbstverständlich
Anteil nehmen.

Erst die Facetten,
die doch

scheinbar
nicht gefehlt,
sie runden ab,
was schon vollkommen schien.

So bildest Du
in Dir
um Dich
ein kleines Universum,
in dessen Tiefen -
unerschöpflich -
unergründlich -
ein ganzes Leben
ruhen kann.

Viel zu viel -
weiß noch nicht,
was es werden wird.

Unterdrücktes
Fordert letztlich doch
sein Recht.

Und plötzlich losgelassen
stürmen Elemente
neu entstand'ne Räume

Und füllen sie
fast bis zum Bersten.

Geschüttelt von den Wogen
musst Du Dir
die Balance bewahren

Und ordnen,
Was die Freiheit
nicht gewöhnt.

Dance the magic dance - am 2. Jänner 1987 -
Was sich zeigen wird, wird sich zeigen ...

Jump the magic jump -
immer dasselbe.

Buddhismus wartet
und mit ihm Weltgeschichte und Geheimbünde.
Queued up - wer will noch 'mal, wer hat noch nicht ??

Chilly Down ist nicht wahr,
es föhnt.
Der Frühling kommt.
Man kann sich alles einreden.
Verpflichtungen in neuen Anfängen.

It's only forever ...
und alles ist relativ -

Da war das Bild wieder - fast beängstigend
Erschreckend
Faszinierend
und vorstellbar.
Und gar nicht relativ.
Absolut absolut.

Der schwere Vorhang
war plötzlich ein Stück zur Seite geschoben
und in der Ferne das Ziel zu sehen.
Eine Spiegelung?
Etwas Umfassendes.
Das Innerste.
Das Eigentliche.
Das Prinzip.

Ich hab's gesehen.
ich will es haben.
Ich werde es haben.

versuch
der kontaktaufnahme
gescheitert.
konsequenz
ist isolation und
abkapselung.
beschränkung
der kommunikation
auf technisch notwendigen
informationsaustausch.
empfohlen
wird die ergreifung von
tarnmaßnahmen,
eventuell bestehende
schwachstellen
betreffend.

das
bei versuch der kontaktaufnahme
erfolglos
gebliebene system
wird
unter einberechnung dieser
nicht-bereitschaft
des nun
gegnerischen systems
allfällige
verteidigungsmaßnahmen
vorbereiten
und
aus gründen der eigenen sicherheit
die kontakte
auf notwendiges
zu beschränken suchen,
vor allem aber
sich keine blöße oder schwäche
mehr
eingestehen.

So hat denn jeder sein eigenes
Großes,
Schwarzes,
Böses -
den ständigen Begleiter,
anhänglich wie der eigene Schatten,
bald neben Dir,
bald hinter Dir,
bald spürbar,
fast schon sichtbar,
dann wieder schweigend,
im Verborgenen abwartend,
wann das Violett der Schwäche
sich zum Schwarz der Angst verfinstert
und dem Vertrauen
das Angesicht verdeckt.

Crying Serena

Smelling Italy
Sitting on Campo San Stefano
Smiling Lions in the green
Of Cavalli-Franchetti
Crying tears over a dying dream

The Diva's awaiting you
As a hearty smile rises
From her sun-flooded squares
In the morning light
Flying doves over a sinking ship

Smelling Italy
Crying Serena

Rising Assunta
Hiding treasures of beauty
and faith
High towards Heaven
Ragged saints standing in marble

-

Smelling Italy
Crying Serena

Smelling Italy
As what makes it, will kill it
Cutting the grounds
From under her walls
Bowing her head to the sea

Smelling Italy
Dying Divina

Smelling Italy
Crying Serena